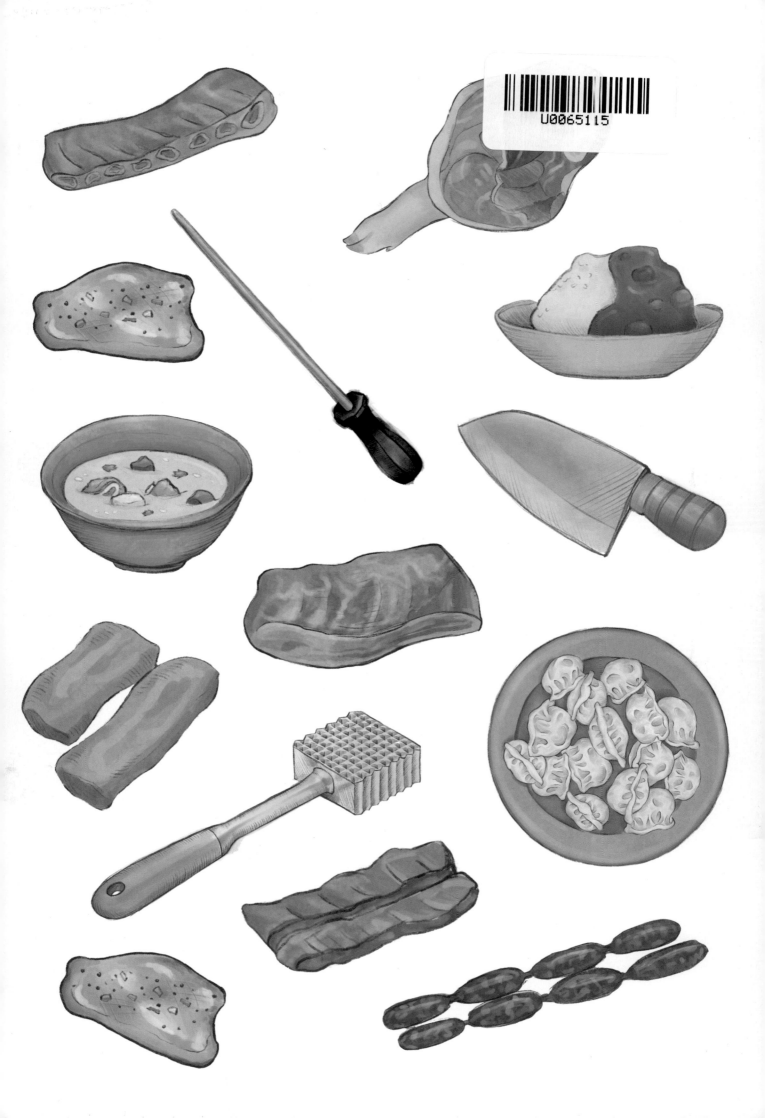

| 繪本介紹 |

　「老闆！我要這塊紅通通的肉，幫我切好，秤一下多少錢？」

　上市場囉！市場是一個存在於真實生活裡的大教室，各種蔬果魚肉拼湊出屬於市場的色彩學；如何從顏色判斷食材的種類？該使用哪種刀具來處理食材最合適？你甚至還會發現，不同的商家店鋪使用的秤具也有著不同的大小款式。這些學校裡沒有教的事，是你必須親自走進市場才能學到的；而擔任著這些課程的老師，自然就是在市場裡擁有豐富經驗的攤商阿姨叔叔們了。

　傳統市場的迷人之處就在於顧客與攤商之間的直接互動；在每一次的買賣過程裡，你不僅可以充分領會到不同攤商各自擁有的專業與知識，也在這些一往一返的對話裡，和他人交換了彼此的料理心得與生活感受。這正是無可取代的市場人情味哪！

　本系列繪本故事裡的三位小朋友，在繽紛熱鬧的市場裡開啟了一場場的探險，帶著我們一起認識市場裡的色彩—《五顏六色的市場》、器具—《看刀》，秤具以及度量衡—《妹妹的重量》；市場的生機與活力、穿梭其間的流動人群，以及屬於三位小朋友們自身的小故事，也成為這趟閱讀旅程裡另一幅迷人的風景。一場關於市場的旅行此刻即將啟程！

| 作者簡介 |

蔡奇璋，東海大學外文系副教授，主修西洋戲劇，喜歡聆聽、閱讀古今中外各式各樣的故事。對故事柔韌的內力充滿信心，因而十分感謝能有這個機會，透過繪本形式，將市場的生活感和趣味性，呈現在小讀者的眼前。

看刀

文　蔡奇璋
圖　Nicole Tsai

小希愛吃媽媽親手包的水餃。
媽媽做的水餃又大又扎實，
微微沾著點醬油，
吃起來滿口都是肉汁的甜香。

包水餃是大工程。
平常在學校工作的媽媽，總是很忙碌。
因此，一定要等到週末空閒的時候，
她才會在小希的央求下，
點頭笑著說：「那好吧！今天就來包水餃！」

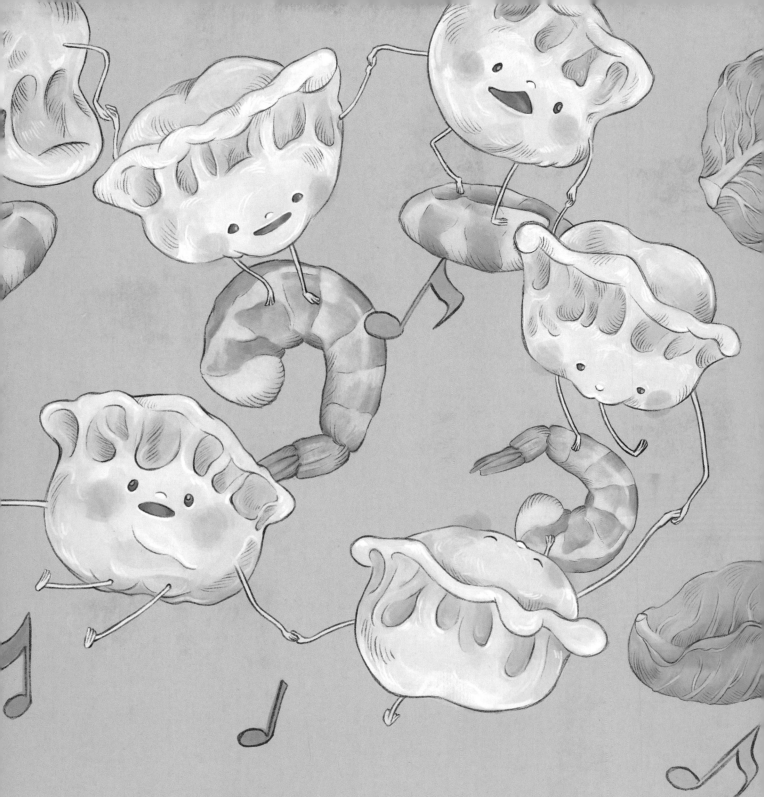

週六早晨，
小希乖乖寫完國語課本裡的生字練習，
腦中突然冒出一個個圓滾滾的水餃寶寶，
手牽著手，圍成大圈圈開心跳舞的畫面，
讓他猛吞口水。
於是，他把書和筆推到一邊，
三兩步衝到陽台上，
對著正在晾衣服的媽媽大喊：
「我們中午來吃水餃好不好？」

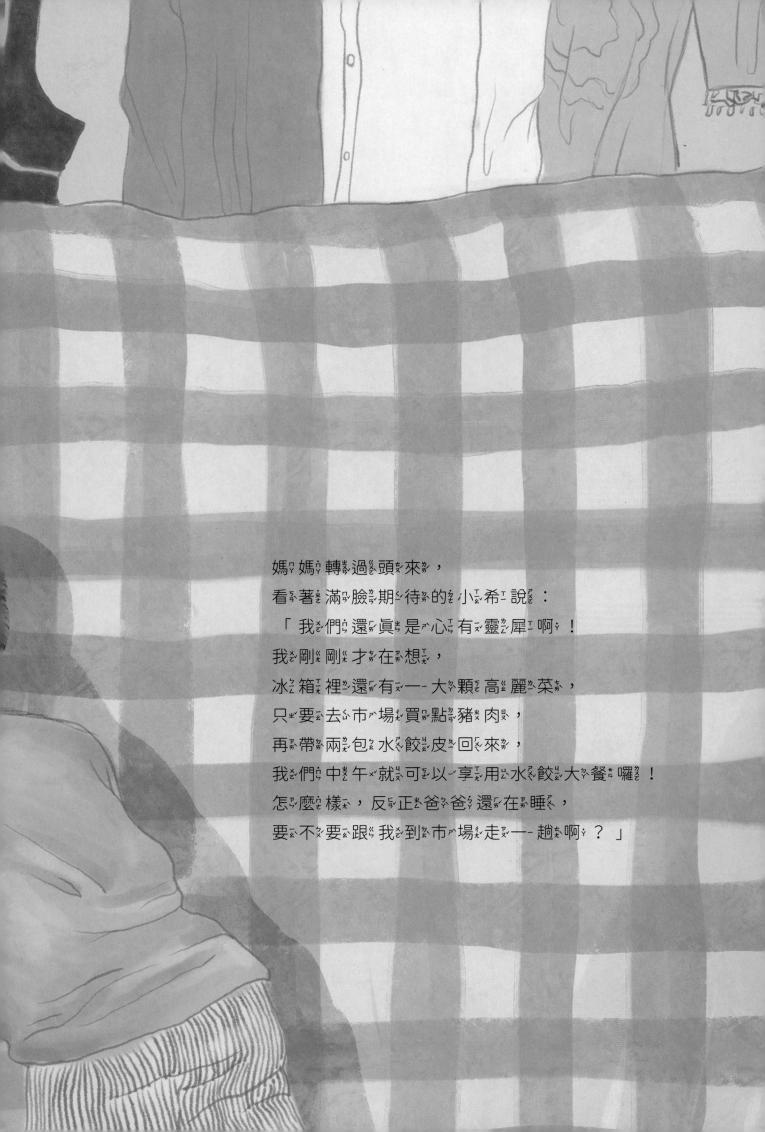

媽媽轉過頭來，
看著滿臉期待的小希說：
「我們還真是心有靈犀啊！
我剛剛才在想，
冰箱裡還有一大顆高麗菜，
只要去市場買點豬肉，
再帶兩包水餃皮回來，
我們中午就可以享用水餃大餐囉！
怎麼樣，反正爸爸還在睡，
要不要跟我到市場走一趟啊？」

在小希的歡呼聲中，
母子倆戴好安全帽，
騎著機車來到第二市場媽媽最常光顧的肉舖。

這是小希第一次陪媽媽上市場買菜，
看著眼前人潮流動的熱鬧景象，
他滿心歡喜地雀躍了起來。

可能因為是週末，
肉舖前正好有幾位阿姨低著頭挑挑撿撿，
選取她們打算用來做菜的豬肉部位。
老闆阿金叔叔淌著汗招呼，
一邊回答顧客的問題，
一邊揮著刀在砧板上剁骨切肉，
忙得不可開交。

小希牽著媽媽的手，站在攤位外圍耐心等候，
同時興味盎然地觀看著。
他注意到，
阿金叔叔會因為阿姨們要他處理的部位不同，
便換用不同的刀具；而且，每換一把刀，
他就會先拿出一支細細長長圓圓的金屬棒，
將刀鋒放在上頭來來回回地抹個幾下，
然後才開始切肉或者剁肉。

小工ㄒㄠˇ希ㄒㄧ抬ㄊㄞˊ起ㄑㄧˇ臉ㄌㄧㄢˇ來ㄌㄞˊ，不ㄅㄨˋ解ㄐㄧㄝˇ地ㄉㄧˋ望ㄨㄤˋ著ㄓㄜ˙媽ㄇㄚ˙媽ㄇㄚ˙，
媽ㄇㄚ˙媽ㄇㄚ˙低ㄉㄧ頭ㄊㄡˊ朝ㄔㄠˊ他ㄊㄚ笑ㄒㄧㄠˋ一ㄧˋ笑ㄒㄧㄠˋ，
很ㄏㄣˇ有ㄧㄡˇ默ㄇㄛˋ契ㄑㄧˋ地ㄉㄧˋ告ㄍㄠˋ訴ㄙㄨˋ他ㄊㄚ：
「那ㄋㄚˋ是ㄕˋ磨ㄇㄛˊ刀ㄉㄠ棒ㄅㄤˋ，
可ㄎㄜˇ以ㄧˇ用ㄩㄥˋ來ㄌㄞˊ修ㄒㄧㄡ正ㄓㄥˋ刀ㄉㄠ刃ㄖㄣˋ的ㄉㄜ˙角ㄐㄧㄠˇ度ㄉㄨˋ，
並ㄅㄧㄥˋ且ㄑㄧㄝˇ把ㄅㄚˇ刀ㄉㄠ片ㄆㄧㄢˋ打ㄉㄚˇ磨ㄇㄛˊ得ㄉㄜ˙鋒ㄈㄥ利ㄌㄧˋ一ㄧˋ些ㄒㄧㄝ，
方ㄈㄤ便ㄅㄧㄢˋ切ㄑㄧㄝ切ㄑㄧㄝ剁ㄉㄨㄛˋ剁ㄉㄨㄛˋ。」

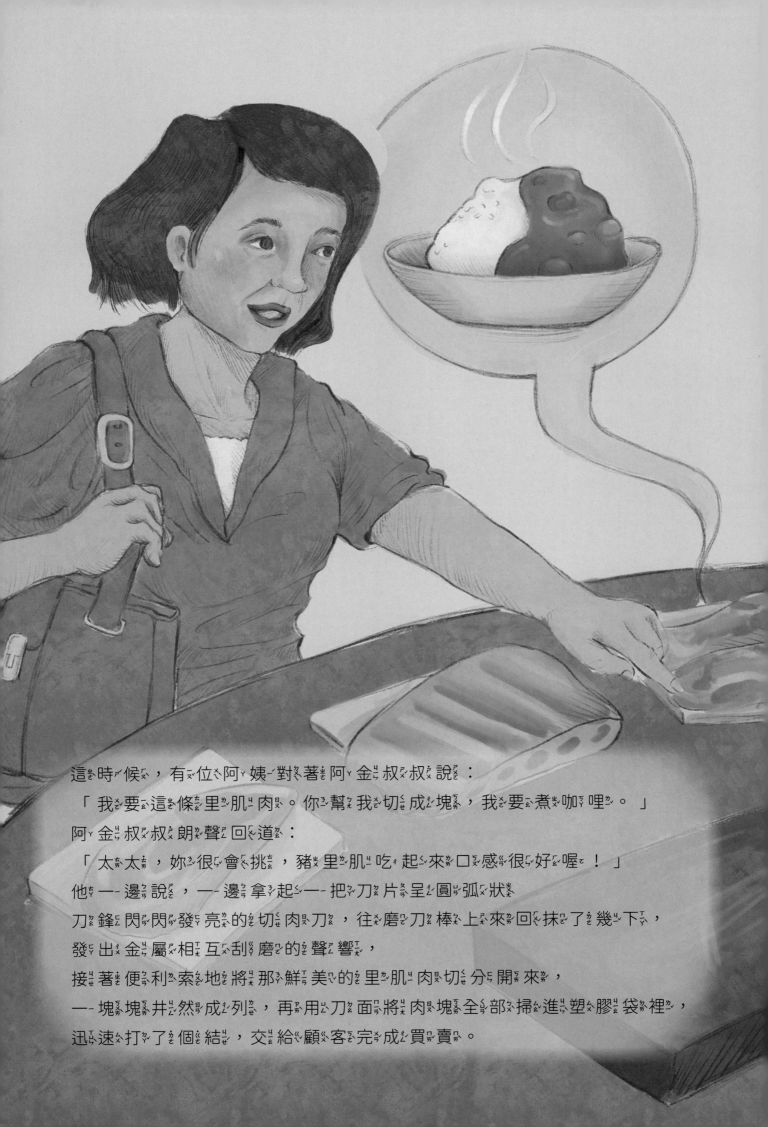

這時候，有位阿姨對著阿金叔叔說：
「我要這條里肌肉。你幫我切成塊，我要煮咖哩。」
阿金叔叔朗聲回道：
「太太，妳很會挑，豬里肌吃起來口感很好喔！」
他一邊說，一邊拿起一把刀片呈圓弧狀
刀鋒閃閃發亮的切肉刀，往磨刀棒上來回抹了幾下，
發出金屬相互刮磨的聲響，
接著便利索地將那鮮美的里肌肉切分開來，
一塊塊井然成列，再用刀面將肉塊全部掃進塑膠袋裡，
迅速打了個結，交給顧客完成買賣。

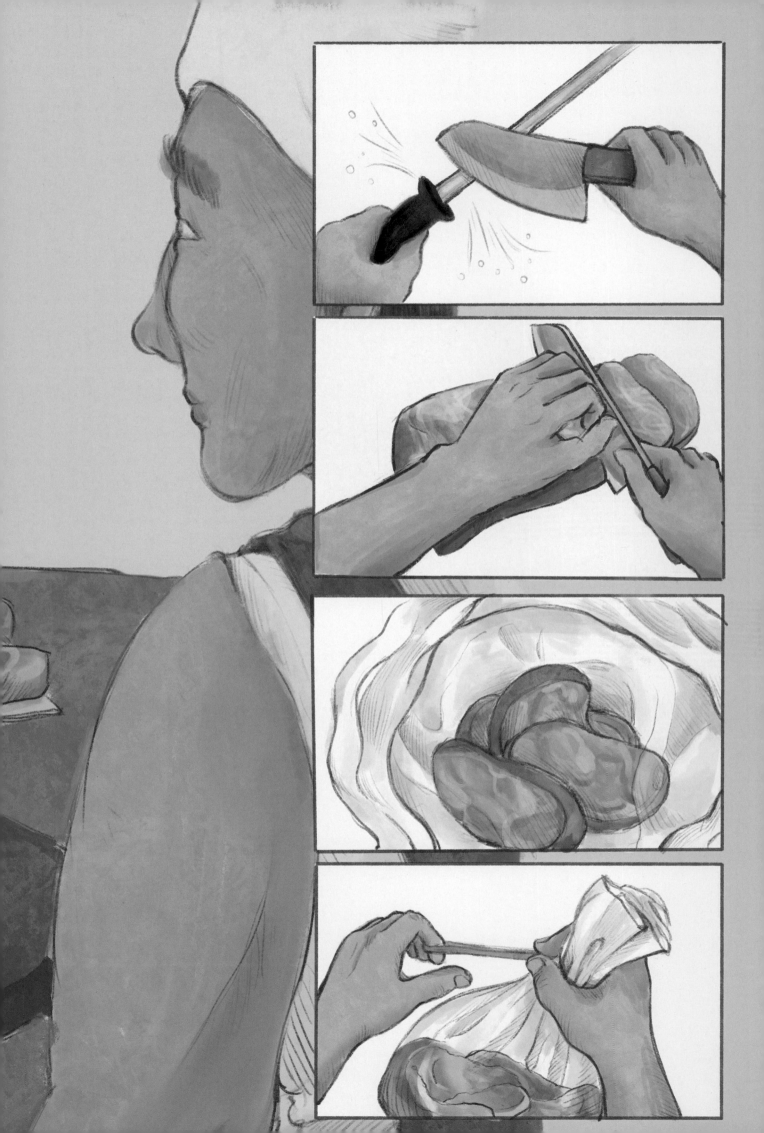

緊接著，另外一位捲頭髮的阿姨，
直接拿起兩條肋骨，
放上阿金叔叔的砧板，
熟門熟路地說：
「幫我剁一剁，
我要煮蘿蔔排骨湯。」

叔叔放開嗓子大聲答好，
一樣拿起磨刀棒，
換上一把四四方方、刀片較粗，
而且刀背看起來相當厚實的剁骨刀，
匡噹匡噹磨了三五下後，
就舉起他那粗壯的臂膀，
上上下下使力剁斬起來。

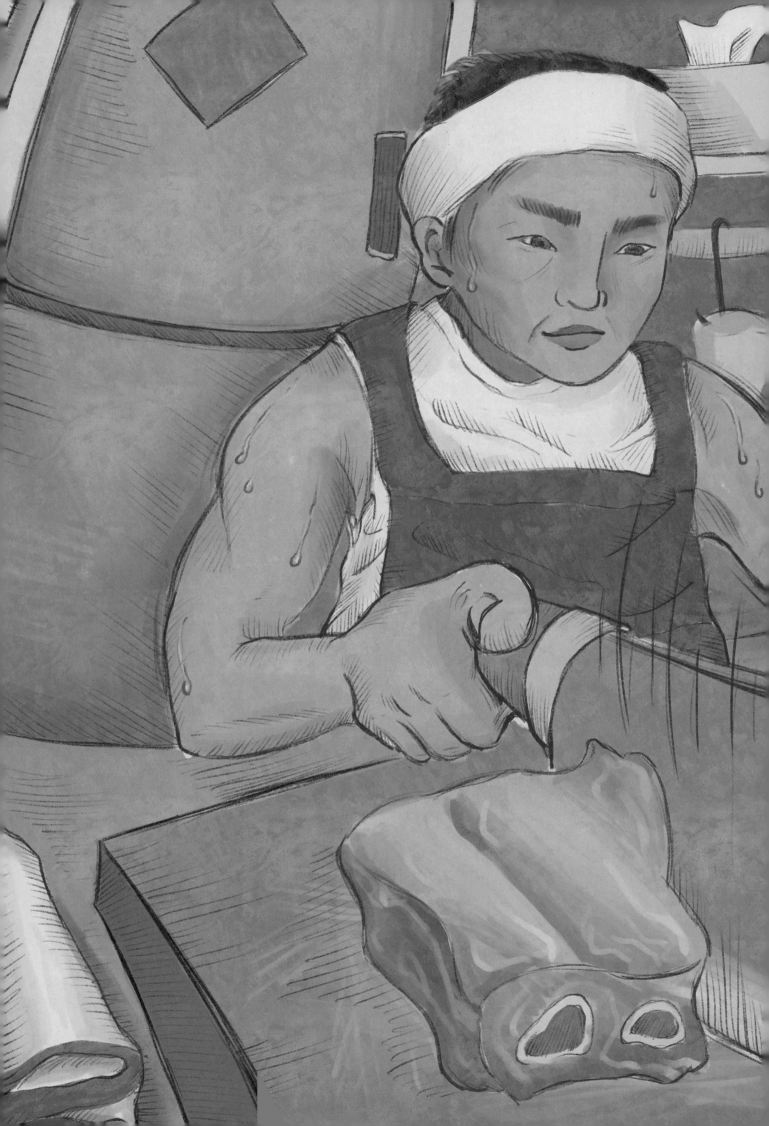

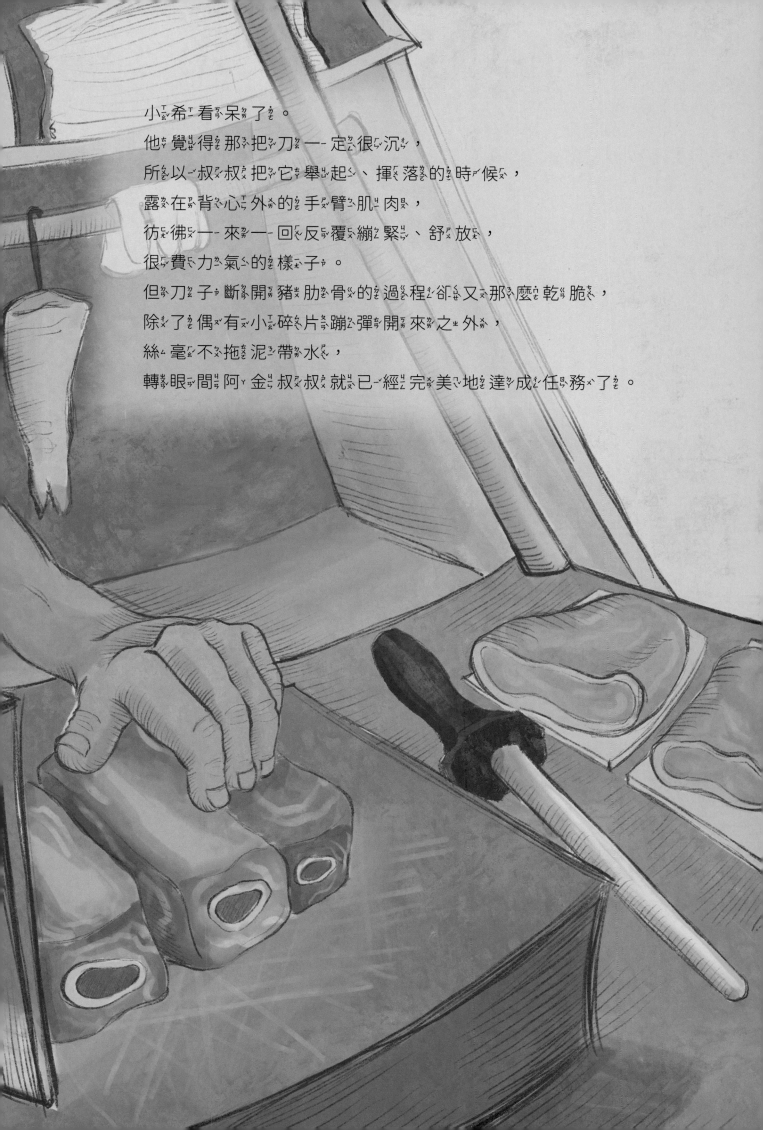

小希看呆了。
他覺得那把刀一定很沉，
所以叔叔把它舉起、揮落的時候，
露在背心外的手臂肌肉，
彷彿一來一回反覆繃緊、舒放，
很費力氣的樣子。
但刀子斷開豬肋骨的過程卻又那麼乾脆，
除了偶有小碎片蹦彈開來之外，
絲毫不拖泥帶水，
轉眼間阿金叔叔就已經完美地達成任務了。

那位太太付錢離開之後，媽媽和小希便站在阿金叔叔面前了。
阿金叔叔一看見媽媽，立刻開心地笑了起來，很豪邁地寒暄：
「楊太太，妳又要包水餃給兒子吃了喔？」
媽媽點點頭，叔叔隨即注意到害羞地躲在她身邊的小希。
「哇！妳兒子也來了？」
叔叔眼睛亮起來。

媽媽趕緊推推小希，
要他跟叔叔打招呼。
小希有些不好意思，
清了一下喉嚨，
小小聲地喊了聲：
「叔叔好……」

「好！我很好，很好！哈哈，來來來，
我來選一塊比較好的後腿肉，
讓你媽媽包好吃的水餃給你吃！」
才說著阿金叔叔便馬上端詳起幾塊後腿肉來，
明快地用左手擎起其中色澤粉嫩的一塊，
放到砧板上，接著以右手取來另外一把梯形的刀，
刀背、刀片看起來都比較輕，比較薄，
因而具有一種銳利的質感，
然後就用它輕鬆地割除肉塊上方的厚皮，
再把去了皮的肉放到秤上計重，
問媽媽這樣的份量價錢是否可以。

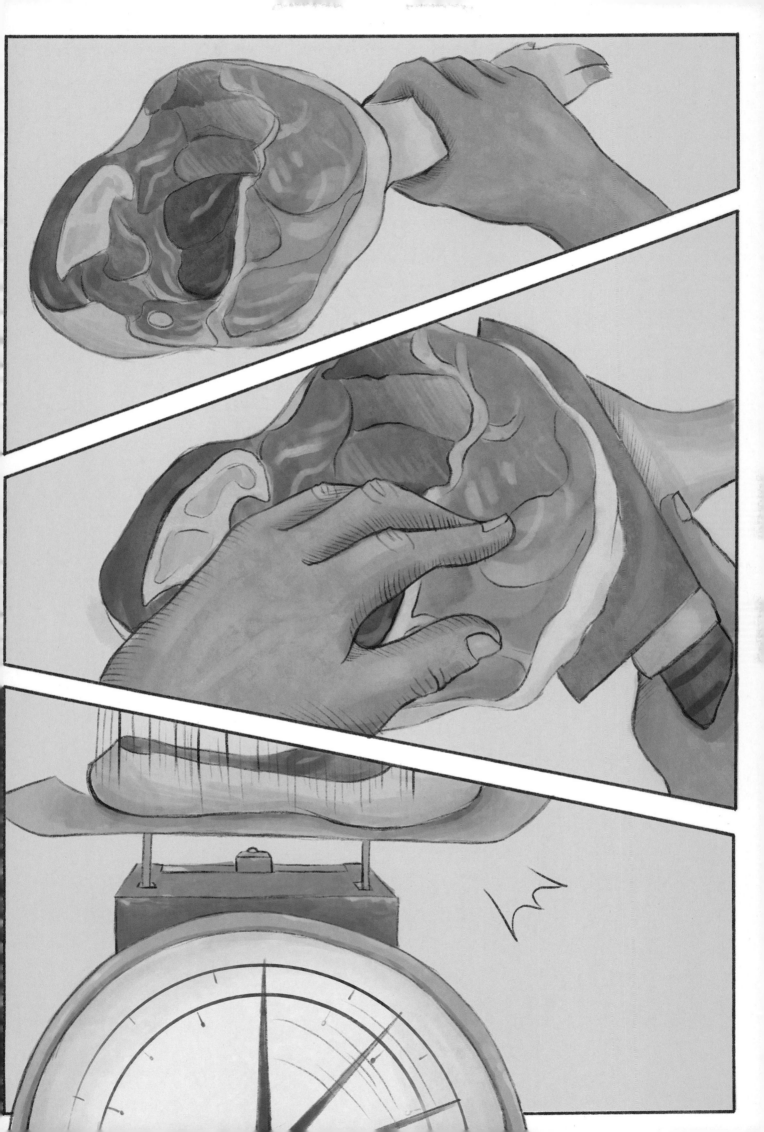

媽媽點點頭，笑著表示滿意，
但又指著另一邊的一條里肌肉說：
「幫我把它切成六片，
過兩天我也可以煎豬排給他吃。」
阿金叔叔呵呵呵地笑開來，
調侃小希說：
「你看你媽媽是不是很疼你？
花錢都沒在客氣的！」

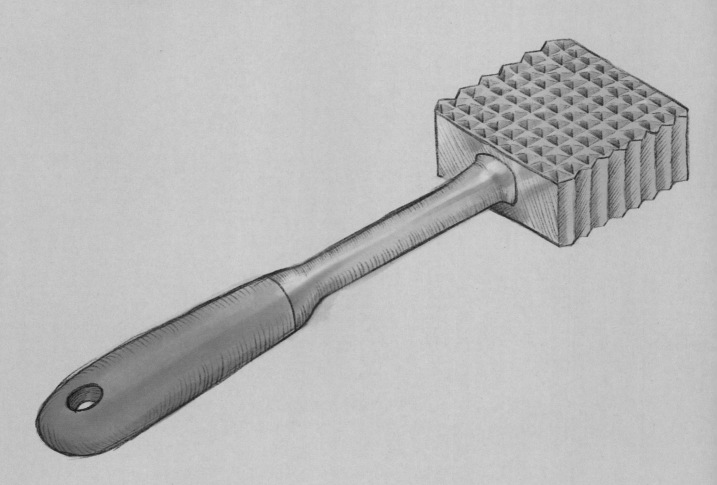

談笑之間，叔叔已經用同一把刀將肉切開，
接著把豬排放上砧板，
改用方頭長柄的肉錘，逐一擊打著肉片。
小希十分好奇，忍不住問叔叔為什麼要這樣做？
叔叔故意長長地「喔──」了一聲，
這才解釋說，肉錘方頭上的一排排小尖頭，
會在敲打過程中戳軟豬肉的筋絡，
讓豬排的口感不會太硬，
不管用煎的或是用炸的都會美味彈牙。

謝過阿金叔叔後，
媽媽帶著小希繼續採買所需的食材，
讓初次造訪第二市場的小希，
覺得收穫滿滿，
有如從一間大教室走出來，
學了許多原先吃水餃時，
根本一無所知的大學問。

回到家，
爸爸已經起床，
也進廚房協助媽媽開始切菜剁肉，
拌餡包製水餃。

當熱騰騰的水餃端上餐桌時，
小希心滿意足地大快朵頤。
品嚐鮮香滋味的同時，
他很真誠地謝謝媽媽帶他去市場增廣見聞，
也不忘面露得意之色地對爸爸說：
「早上你還在睡大覺的時候，
我啊，已經在阿金叔叔的肉舖前面，
看了場精彩的舞刀表演了呢！
原來，長相不同的刀子，能做的事也都不一樣啊！」

爸爸很開心地笑了，
摸摸小希的頭說：
「這樣啊！
那麼今天的水餃一定更香更好吃了。
快吃吧！」

看刀 / 蔡奇璋文 ; Nicole Tsai圖.
-- 初版. -- 臺北市 : 沐風文化出版有限公司出版 ;
臺中市 : 東海大學人文創新與社會實踐計畫發行, 2022.02
32面 ; 21x29.7公分
注音版
ISBN 978-986-97606-8-3(精裝)

1. CST: 市場 2. CST: 刀 3. CST: 繪本

498.7　　111000348

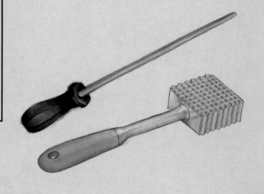

看刀

作者 / 蔡奇璋　**繪者 /** Nicole Tsai

美術執行統籌 / 雙美圖設計事務所

出版協力 / 林韋錠、張郁婕、李晏佐

指導單位 / 科技部人文創新與社會實踐計畫

發行所 / 東海大學人文創新與社會實踐計畫

地址 / 407224台中市西屯區台灣大道四段1727號

網址 / http://spuic.thu.edu.tw/

Email / thu.spuic@gmail.com

出版經銷 / 沐風文化出版有限公司

地址 / 10052台北市泉州街9號3樓

Email / mufonebooks@gmail.com

印刷 / 龍虎電腦排版股份有限公司

出版日期 / 2022年2月 初版一刷

定價 / NDT320

ISBN / 978-986-97606-8-3

封面題字 / 連唯心

特別感謝 / 林惠真(東海人社計畫執行長)、陳毓婷（專任助理）、湯子嫻（兼任助理）、
廖彥霖（兼任助理）、東海大學工業設計系107-2《環境共生設計實踐》及108-1《環境共生
設計導論》的全體修課學生、陳映佐（二市場店家）、台中第二市場。

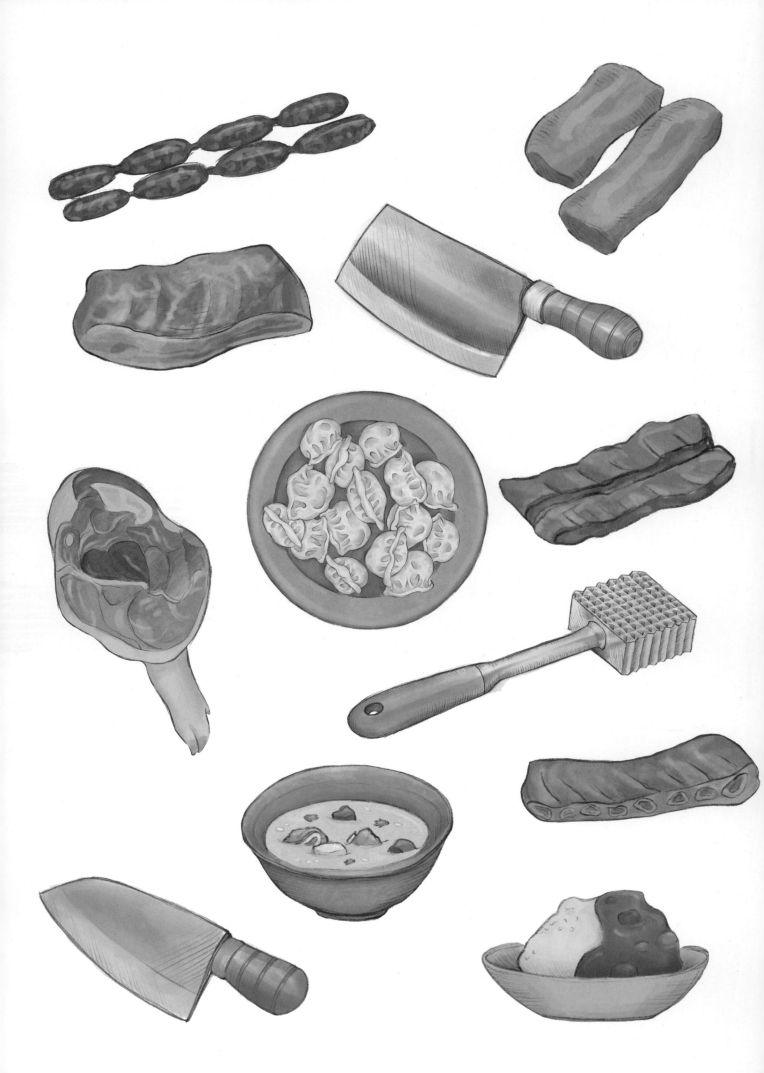